Guida al Microgreen un attività salutare

Come avviare un attività che faccia guadagnare con il Microgreen

A. Duller

Lisa Shardon

Copyright © 2024

Guida alla Coltivazione di Microgreen

1. Introduzione

I microgreens sono giovani piantine commestibili che vengono raccolte nella fase di crescita intermedia tra i germogli e le piante mature. Si tratta di verdure, erbe e persino cereali che vengono coltivati e raccolti quando le prime foglie vere iniziano a svilupparsi, generalmente entro 7-21 giorni dalla germinazione. Sono caratterizzati da dimensioni ridotte, colori vivaci e un sapore concentrato e intenso, che li rende non solo un'aggiunta estetica e gustosa a vari piatti, ma anche una fonte concentrata di nutrienti.

A differenza dei germogli, che vengono consumati con semi, radici e tutto il resto, i microgreens vengono tagliati sopra il livello del suolo e solo la parte superiore della piantina viene utilizzata. Possono provenire da un'ampia varietà di piante, tra cui erbe aromatiche come il basilico e la rucola, ortaggi a foglia come il cavolo e la bietola, nonché alcune varietà di cereali come il grano e l'avena.

L'interesse per i microgreens è cresciuto negli ultimi anni grazie alla crescente consapevolezza dei consumatori sui benefici per la salute e alla tendenza verso un'alimentazione più sostenibile e nutriente. Sono spesso utilizzati dai chef per decorare piatti, ma la loro popolarità si è diffusa anche tra i consumatori comuni che desiderano coltivarli facilmente a casa o acquistare prodotti freschi e locali dai mercati contadini.

Benefici della coltivazione di microgreens

Coltivare microgreens offre numerosi vantaggi, che vanno oltre il semplice piacere di avere verdure fresche e nutrienti a portata di mano. Ecco alcuni dei principali benefici:

1. **Facilità di coltivazione**: I microgreens possono essere coltivati facilmente anche in piccoli spazi, come davanzali o balconi. Non richiedono molto spazio, né attrezzature complesse. Inoltre, crescono rapidamente, permettendo raccolti frequenti.

2. **Nutrizione concentrata**: Nonostante le loro piccole dimensioni, i microgreens sono spesso molto più ricchi di nutrienti rispetto alle piante adulte della stessa specie. Studi hanno dimostrato che contengono concentrazioni più elevate di vitamine, minerali e antiossidanti, contribuendo a una dieta equilibrata e salutare.

3. **Sostenibilità**: La coltivazione di microgreens richiede meno risorse rispetto all'agricoltura tradizionale. La quantità di acqua e terreno necessaria è minima, il che li rende una scelta sostenibile sia per i coltivatori domestici che per l'agricoltura urbana.

4. **Freschezza e sapore**: Coltivare microgreens a casa garantisce prodotti freschissimi che possono essere raccolti e consumati immediatamente. Il loro sapore è spesso più intenso rispetto alle verdure mature, il che può migliorare la qualità e il gusto delle pietanze.

5. **Versatilità culinaria**: I microgreens possono essere utilizzati in una vasta gamma di piatti, dalle insalate ai panini, dai frullati alle zuppe, offrendo un tocco di freschezza, colore e sapore concentrato.

6. **Accessibilità**: Chiunque, indipendentemente dal livello di esperienza nel giardinaggio, può coltivare microgreens. Con l'attrezzatura giusta e le condizioni adeguate, anche chi vive in città può beneficiare di prodotti freschi e nutrienti senza bisogno di un orto.

Obiettivi del manuale

L'obiettivo di questo manuale è fornire una guida completa e pratica sulla coltivazione, i benefici e l'utilizzo dei microgreens, sia per chi è interessato a coltivarli a casa, sia per chi desidera approfondire le loro proprietà nutrizionali vantaggi per la salute e per avviare una possibile attività lavorativa sul tema. Nel corso del testo, verranno analizzate le caratteristiche specifiche di alcuni dei microgreens più popolari, come la rucola, il basilico, il cavolo rosso e il ravanello, mettendo in evidenza le loro proprietà nutrizionali e i benefici che offrono.

Il manuale sarà suddiviso in diversi capitoli, ognuno dei quali approfondirà un aspetto specifico dei microgreens: dal loro impatto sulla salute, ai metodi di coltivazione, fino agli usi culinari. Al termine di questo percorso, il lettore sarà in grado di comprendere appieno il valore dei microgreens e sarà in grado di coltivarli e integrarli nella propria dieta quotidiana per migliorare il benessere personale.

Capitolo 1: I Microgreens e la Salute

1.1 Nutrienti nei microgreens

I microgreens sono considerati un superfood, grazie all'alto contenuto di nutrienti rispetto alle piante adulte. Sono particolarmente ricchi di vitamine, minerali, antiossidanti e fitonutrienti, che li rendono un potente alleato per la salute e il benessere.

Vitamine e minerali

Le vitamine e i minerali presenti nei microgreens variano a seconda della specie, ma in generale, questi piccoli germogli sono una fonte concentrata di nutrienti essenziali come:

- **Vitamina C**: Importante per il sistema immunitario e la produzione di collagene, la vitamina C è abbondante in molti microgreens, specialmente in quelli derivati da verdure crocifere come il cavolo e i broccoli.

- **Vitamina A**: Presente sotto forma di beta-carotene, la vitamina A è essenziale per la salute della pelle, della vista e del sistema immunitario. I microgreens di carota e spinaci ne sono particolarmente ricchi.

- **Vitamina K**: Cruciale per la coagulazione del sangue e la salute delle ossa, la vitamina K è abbondante in microgreens come il cavolo riccio e la rucola.

- **Ferro**: Un minerale essenziale per la produzione di globuli rossi e il trasporto di ossigeno nel corpo, il ferro è presente in quantità significative nei microgreens a foglia verde scuro come gli spinaci e la bietola.

- **Calcio**: Essenziale per la salute delle ossa e dei denti, il calcio si trova in concentrazioni elevate in microgreens come la rucola e il cavolo.

Antiossidanti e fitonutrienti

Oltre a vitamine e minerali, i microgreens sono ricchi di **antiossidanti** e **fitonutrienti**, sostanze naturali che aiutano a combattere i danni cellulari causati dai radicali liberi. Gli antiossidanti come la vitamina E, i flavonoidi e i polifenoli presenti nei microgreens aiutano a ridurre l'infiammazione nel corpo e a proteggere le cellule dai danni ossidativi, che possono portare a malattie croniche come il cancro e le malattie cardiache.

Inoltre, i fitonutrienti, composti naturali presenti nelle piante, offrono una serie di benefici per la salute. Alcuni esempi includono i **glucosinolati** presenti nelle verdure crocifere (come il cavolo e i broccoli), noti per le loro proprietà anticancerogene, e i **carotenoidi**, pigmenti vegetali che proteggono la vista e supportano la salute del cuore.

1.2 Benefici per la salute

Il consumo regolare di microgreens può offrire numerosi benefici per la salute, grazie alla loro ricchezza di nutrienti e composti bioattivi. Di seguito vengono descritti alcuni dei principali vantaggi che i microgreens apportano al corpo.

Supporto al sistema immunitario

Grazie all'alto contenuto di **vitamina C**, i microgreens possono rafforzare il sistema immunitario, aiutando l'organismo a combattere infezioni e malattie. La vitamina C è un potente antiossidante che stimola la produzione di globuli bianchi, essenziali per la difesa del corpo contro patogeni e agenti infettivi.

Inoltre, i microgreens contengono **vitamina A**, che gioca un ruolo importante nel mantenimento dell'integrità delle mucose e della pelle, le prime barriere contro l'invasione di batteri e virus. Un sistema immunitario forte è essenziale per prevenire malattie e ridurre il rischio di infezioni ricorrenti.

Salute digestiva e riduzione dei radicali liberi

Il contenuto elevato di fibre in alcuni microgreens, come quelli provenienti da ortaggi a foglia verde, aiuta a migliorare la **digestione** e a promuovere la regolarità intestinale. Le fibre alimentari non solo favoriscono la salute del sistema digestivo, ma riducono anche il rischio di malattie croniche come il diabete e le malattie cardiovascolari.

Inoltre, grazie all'elevata presenza di antiossidanti, i microgreens sono utili per la riduzione dei **radicali liberi** nel corpo. Questi radicali liberi sono molecole instabili che possono danneggiare le cellule e promuovere l'infiammazione e lo sviluppo di malattie croniche. Consumare alimenti ricchi di antiossidanti, come i micro

greens, può aiutare a neutralizzare questi radicali liberi, migliorando la salute generale e riducendo il rischio di patologie come il cancro e le malattie cardiache.

1.3 Microgreens specifici e le loro proprietà

Diversi tipi di microgreens offrono benefici specifici a seconda delle piante da cui derivano. Esaminiamo alcune delle varietà più popolari e le loro proprietà uniche.

Rucola

La rucola è un microgreen particolarmente apprezzato per il suo sapore pepato e piccante.

È una fonte eccellente di **vitamina K**, essenziale per la salute delle ossa e la coagulazione del sangue, e di **vitamina A**, che supporta la salute della pelle e della vista. Inoltre, la rucola contiene fitonutrienti come i glucosinolati, che possono avere proprietà anticancerogene.

Basilico

Il basilico è noto per il suo aroma dolce e intenso e per le sue proprietà **antinfiammatorie**. È ricco di **vitamina K**, che supporta la salute delle ossa, e contiene **antiossidanti** come i flavonoidi, che aiutano a proteggere il corpo dai danni dei radicali liberi. Il basilico è anche un ottimo alleato per la digestione e può contribuire a ridurre l'infiammazione cronica nel corpo.

Cavolo rosso

Il cavolo rosso è un microgreen

particolarmente ricco di **antociani**, pigmenti naturali che hanno potenti proprietà antiossidanti. Questi composti aiutano a proteggere il corpo dai danni ossidativi e possono ridurre il rischio di malattie cardiache e cancro. Il cavolo rosso è anche una buona fonte di **vitamina C** e **vitamina K**, rendendolo un alimento benefico per il sistema immunitario e la salute delle ossa.

Ravanello

Il ravanello è uno dei microgreens più coltivati per il suo sapore pungente e croccante. È ricco di **vitamina C** e contiene composti solforati noti come **isotiocianati**, che possono avere effetti anticancerogeni. I microgreens di ravanello supportano anche la digestione e possono avere un effetto positivo sulla regolazione dei livelli di zucchero nel sangue.

Altri microgreens e i loro benefici

- **Coriandolo**: Ricco di antiossidanti e

vitamine A e K, il coriandolo supporta la salute del cuore e può aiutare a ridurre l'infiammazione.

- **Spinaci**: Gli spinaci microgreen sono una fonte concentrata di ferro, vitamina A e vitamina C, che supportano la salute del sangue e del sistema immunitario.

- **Prezzemolo**: Il prezzemolo è ricco di antiossidanti e vitamine essenziali, come la vitamina C, che migliorano la salute della pelle e supportano il sistema immunitario.

Capitolo 2: Coltivazione dei Microgreens

La coltivazione dei microgreens è un'attività accessibile a tutti, che richiede poco spazio e attrezzature relativamente semplici. Queste giovani piante possono essere coltivate in ambienti interni con poche risorse e rappresentano una scelta sostenibile per chi desidera avere accesso a verdure fresche, nutrienti e saporite tutto l'anno. In questo capitolo verranno descritte le fasi e le tecniche necessarie per coltivare con successo i microgreens, dalla scelta dei semi ai metodi di raccolta e conservazione.

2.1 Scelta dei semi

La scelta dei semi è il primo passo fondamentale per la coltivazione dei microgreens. È importante selezionare semi di alta qualità, poiché ciò influenzerà il tasso di germinazione e la salute delle piantine. Fortunatamente, i semi per microgreens sono facilmente reperibili in commercio e possono provenire da una vasta gamma di piante.

Varietà di semi

Le piante più comuni per la coltivazione di microgreens comprendono verdure a foglia, erbe aromatiche e alcune piante da fiore commestibili. Le scelte più popolari includono:

- **Verdure crocifere**: Broccoli, cavolo riccio, cavolo rosso, cavolfiore e rucola.

- **Legumi**: Piselli e fagioli.

- **Cereali e pseudocereali**: Grano saraceno, avena, orzo e quinoa.

- **Erbe aromatiche**: Basilico, coriandolo, prezzemolo e finocchio.

- **Ortaggi a radice**: Ravanello e barbabietola.

Ogni tipo di seme produce microgreens con

sapori e profili nutrizionali differenti, quindi la scelta dei semi dipende non solo dalle preferenze personali in termini di gusto, ma anche dagli obiettivi nutrizionali. Ad esempio, i microgreens di cavolo sono ricchi di vitamina C, mentre quelli di piselli forniscono una buona fonte di proteine.

Semi biologici vs. convenzionali

I semi biologici sono una scelta preferibile per molti coltivatori di microgreens, poiché sono privi di sostanze chimiche potenzialmente dannose come pesticidi e fertilizzanti sintetici. I semi biologici sono coltivati secondo metodi sostenibili e rispettosi dell'ambiente, il che li rende una scelta etica e salutare. Inoltre, la maggior parte dei microgreens viene coltivata per essere consumata cruda, quindi l'assenza di sostanze chimiche è particolarmente importante per evitare residui nocivi negli alimenti.

Tuttavia, è possibile coltivare microgreens

anche con semi convenzionali, purché non siano stati trattati con fungicidi o altri prodotti chimici che potrebbero compromettere la qualità delle piantine o la salute del consumatore.

Considerazioni sulla germinazione

Alcuni semi sono più facili da germinare rispetto ad altri. Ad esempio, i semi di ravanello e girasole germinano rapidamente e senza particolari esigenze, mentre semi come quelli di basilico o barbabietola possono richiedere un ambiente più caldo e un terreno più specifico per una germinazione ottimale. È consigliabile iniziare con semi di facile gestione se si è alle prime armi con la coltivazione dei microgreens.

2.2 Materiali e attrezzature necessarie

La coltivazione dei microgreens non richiede attrezzature costose o complesse. Con i giusti materiali e un minimo di attenzione, è possibile creare un ambiente ideale per la crescita delle piantine. Gli elementi essenziali per la coltivazione dei microgreens includono contenitori, substrato (o altro medium di coltivazione), illuminazione e il controllo della temperatura.

Terreno e contenitori

Terreno: La scelta del terreno è cruciale per la salute e la crescita dei microgreens. In generale, è consigliabile utilizzare un terreno leggero e ben drenante, che permetta alle radici di crescere senza difficoltà. Il **substrato di coltivazione** dovrebbe essere ricco di nutrienti, pur essendo soffice e aerato. Un'opzione comune è utilizzare miscele di terriccio biologico per ortaggi o compost di alta qualità. In alternativa, molti coltivatori scelgono di utilizzare **substrati inerti**, come la fibra di cocco o la perlite, che forniscono un buon supporto fisico alle radici ma richiedono l'uso di soluzioni nutritive per integrare i nutrienti mancanti.

Contenitori: I contenitori per la coltivazione dei microgreens possono variare in base alle dimensioni disponibili e alla quantità di piantine che si desidera coltivare. È possibile utilizzare vaschette di plastica poco profonde (circa 4-6 cm di profondità), contenitori riciclati, come le scatole di frutta o i vassoi di semi appositamente progettati per la coltivazione. L'importante è che il contenitore abbia dei **fori di drenaggio** per evitare l'accumulo di acqua, che potrebbe favorire la crescita di muffe e il ristagno delle radici.

Illuminazione e temperatura

I microgreens richiedono una buona illuminazione per crescere sani e vigorosi. Sebbene sia possibile coltivare microgreens in luce naturale, una finestra luminosa potrebbe non essere sufficiente per garantire una crescita omogenea e robusta, specialmente in climi con poca luce solare diretta.

Illuminazione artificiale: Le lampade a LED o a fluorescenza sono la scelta migliore per la coltivazione indoor dei microgreens. Le luci a spettro completo, che emettono sia luce blu che rossa, sono ideali perché simulano la luce del sole e favoriscono la fotosintesi ottimale. È consigliabile posizionare le luci a circa 20-30 cm sopra i microgreens e tenerle accese per circa 12-16 ore al giorno, a seconda della necessità delle piante.

Temperatura: I microgreens preferiscono temperature comprese tra i 18°C e i 24°C. La maggior parte dei semi germina bene a queste temperature, ma è importante mantenere un ambiente costante e protetto da correnti d'aria o sbalzi termici. Una temperatura troppo bassa può rallentare la germinazione e la crescita, mentre una troppo alta può portare alla rapida evaporazione dell'umidità e al deterioramento delle piantine.

2.3 Tecniche di semina e cura

La semina e la cura dei microgreens richiedono attenzione e precisione. Sebbene il processo sia relativamente semplice, seguire alcune tecniche di base può garantire un raccolto sano e abbondante.

Preparazione del contenitore

Prima di seminare i semi, è necessario preparare adeguatamente il contenitore. Se si utilizza il terreno, è importante riempire il contenitore fino a circa 3-4 cm di profondità, assicurandosi che il substrato sia uniformemente distribuito e leggermente pressato, ma non troppo compatto. In caso di utilizzo di un substrato inerte, come la fibra di cocco o la lana di roccia, il substrato deve essere inumidito prima della semina per garantire che sia sufficientemente idratato.

Semina

La semina dei microgreens richiede una distribuzione uniforme dei semi sulla superficie del terreno o del substrato. Non è necessario coprire i semi con il terreno, poiché la maggior parte dei microgreens cresce meglio se lasciata esposta alla luce. Tuttavia, alcuni semi più grandi, come quelli dei piselli o del girasole, possono beneficiare di una leggera copertura di terreno per aiutare la germinazione.

Dopo la semina, è importante nebulizzare delicatamente i semi con acqua per favorire l'umidità iniziale e incoraggiare la germinazione. La distanza tra i semi non è critica, poiché i microgreens vengono raccolti giovani, ma un'eccessiva densità potrebbe portare a una competizione tra le piantine per la luce e i nutrienti.

Irrigazione

Mantenere il giusto livello di umidità è essenziale per la coltivazione dei microgreens. L'irrigazione deve essere fatta con attenzione per evitare che le piantine si affoghino o si secchino. L'ideale è nebulizzare con acqua una o due volte al giorno, mantenendo il substrato umido ma non saturo. È importante monitorare l'umidità, soprattutto nelle prime fasi di germinazione, poiché un terreno troppo secco potrebbe compromettere la crescita delle piantine, mentre un eccesso d'acqua potrebbe causare problemi di muffa.

Cura quotidiana

Oltre all'irrigazione e alla gestione dell'illuminazione, la cura dei microgreens include anche la ventilazione adeguata per prevenire la formazione di funghi o muffe. Se si nota la formazione di muffe, è possibile migliorare il flusso d'aria attorno alle piante, utilizzare un deumidificatore o ridurre leggermente l'irrigazione.

Un altro aspetto importante della cura dei microgreens è il **diradamento**. Se le piantine crescono troppo vicine tra loro, potrebbe essere necessario rimuovere alcune delle piante più deboli per dare più spazio e luce a quelle più robuste.

2.4 Raccolta e conservazione

La raccolta dei microgreens è uno dei momenti più gratificanti della coltivazione. Dopo aver investito tempo e cura, le piantine saranno pronte per essere raccolte e utilizzate in cucina.

Tempistiche di raccolta

I microgreens sono pronti per la raccolta generalmente tra i 7 e i 21 giorni dalla semina, a seconda della varietà. Il momento ideale per la raccolta è quando le piantine hanno sviluppato il primo paio di **foglie vere** oltre ai cotiledoni (le prime foglioline embrionali). La raccolta in questa fase garantisce che le piante abbiano raggiunto la massima concentrazione di sapore e nutrienti.

Metodo di raccolta

I microgreens devono essere raccolti utilizzando delle **forbici affilate** o un coltello, tagliando le piantine appena sopra il livello del terreno. È importante evitare di tirare le piantine, poiché ciò potrebbe danneggiare le radici e disturbare il terreno, compromettendo la salute delle piantine rimanenti. La raccolta deve essere eseguita preferibilmente al mattino, quando le piante sono più idratate e fresche.

Conservazione

Dopo la raccolta, i microgreens possono essere consumati immediatamente per ottenere il massimo in termini di freschezza e sapore. Tuttavia, se non possono essere consumati subito, è possibile conservarli in frigorifero per un breve periodo. I microgreens devono essere **asciugati delicatamente** prima della conservazione, poiché l'umidità residua può favorire la decomposizione.

Per conservarli correttamente, i microgreens possono essere posti in un **contenitore ermetico** o in un sacchetto di plastica con un foglio di carta assorbente per assorbire l'umidità in eccesso. Se conservati in modo appropriato, i microgreens possono mantenere la loro freschezza per circa 5-7 giorni.

Con queste indicazioni, è possibile coltivare con successo i microgreens, ottenere raccolti abbondanti e trarre vantaggio dalle loro proprietà nutrizionali. La coltivazione dei microgreens non solo offre un modo sostenibile per produrre cibo sano, ma permette anche di sperimentare sapori nuovi e concentrati direttamente a casa.

Capitolo 3: Utilizzo in cucina

I microgreens non sono solo un'aggiunta colorata e nutriente ai piatti, ma offrono anche una versatilità culinaria sorprendente. Grazie alla loro gamma di sapori, che spaziano dal dolce al piccante, e alla loro consistenza delicata, possono essere utilizzati in numerose preparazioni, dalle insalate fresche ai piatti più elaborati. Questo capitolo esplorerà le ricette semplici da preparare con i microgreens, gli abbinamenti di sapori più efficaci e i modi migliori per conservare e utilizzare i microgreens in diverse stagioni.

3.1 Ricette semplici con microgreens

I microgreens si prestano a una vasta gamma di ricette, poiché possono essere utilizzati crudi o aggiunti come tocco finale a piatti cotti. La loro freschezza e la concentrazione di sapori li rendono ideali per arricchire ogni portata con un'esplosione di gusto e nutrienti. Di seguito vedremo alcune delle ricette più semplici e veloci in cui i microgreens possono fare la differenza.

Insalate

Le **insalate** sono uno dei modi più classici e semplici per sfruttare i microgreens. Non solo aggiungono croccantezza e sapore, ma arricchiscono anche il piatto con una dose extra di nutrienti. Puoi creare insalate interamente composte da microgreens, oppure utilizzarli come complemento per verdure a foglia verde più mature.

Insalata di microgreens, avocado e noci

Ingredienti:

- 100 g di microgreens misti (come rucola, cavolo rosso e coriandolo)

- 1 avocado maturo, tagliato a fette

- 50 g di noci tostate

- 1 cucchiaio di succo di limone fresco

- 2 cucchiai di olio extravergine di oliva

- Sale e pepe q.b.

Procedimento:

1. Lavare accuratamente i microgreens e asciugarli delicatamente.

2. In una ciotola, unire i microgreens, l'avocado e le noci.

3. Preparare il condimento emulsionando il succo di limone con l'olio, il sale e il pepe.

4. Versare il condimento sull'insalata e mescolare delicatamente.

5. Servire subito per mantenere la freschezza.

Questa insalata è particolarmente gustosa grazie alla combinazione di consistenze: la cremosità dell'avocado si sposa perfettamente con la croccantezza delle noci e la leggerezza dei microgreens.

Insalata di microgreens e frutta fresca

Ingredienti:

- 100 g di microgreens (come basilico, rucola e prezzemolo)

- 1 mela verde, tagliata a cubetti

- 1 arancia, pelata e tagliata a spicchi

- 50 g di formaggio feta sbriciolato

- 2 cucchiai di mandorle tostate

- 2 cucchiai di olio extravergine di oliva

- 1 cucchiaio di aceto balsamico

- Sale e pepe q.b.

Procedimento:

1. Lavare e asciugare i microgreens, poi disporli su un piatto da portata.

2. Aggiungere i cubetti di mela, gli spicchi d'arancia e il formaggio feta.

3. Condire con olio, aceto balsamico, sale e

pepe, quindi mescolare delicatamente.

4. Cospargere l'insalata con le mandorle tostate e servire.

L'acidità della frutta contrasta con la sapidità della feta e la freschezza dei microgreens, creando un piatto equilibrato e nutriente.

Panini e toast

I microgreens possono essere utilizzati anche per aggiungere un tocco di freschezza a panini e toast. Grazie al loro sapore concentrato, una piccola quantità di microgreens può fare la differenza, migliorando il gusto complessivo del piatto.

Toast con avocado e microgreens

Ingredienti:

- 2 fette di pane integrale tostato

- 1 avocado maturo, schiacciato
- 50 g di microgreens di rucola o spinaci
- 1 cucchiaio di semi di girasole tostati
- 1 cucchiaio di olio extravergine di oliva
- Sale e pepe q.b.

Procedimento:

1. Schiacciare l'avocado in una ciotola e condirlo con sale, pepe e olio.

2. Spalmare l'avocado sulle fette di pane tostato.

3. Aggiungere una generosa manciata di microgreens sopra l'avocado.

4. Cospargere con semi di girasole e servire subito.

Questo toast è perfetto per una colazione nutriente o uno spuntino veloce. La cremosità dell'avocado è bilanciata dalla freschezza dei microgreens e dalla croccantezza dei semi.

Panino con hummus, carote e microgreens

Ingredienti:

- 2 fette di pane ai cereali

- 3 cucchiai di hummus

- 1 carota media, grattugiata

- 50 g di microgreens di ravanello o girasole

- 1 cucchiaio di olio extravergine di oliva

- Sale e pepe q.b.

Procedimento:

1. Spalmare l'hummus sulle fette di pane.

2. Aggiungere le carote grattugiate e i microgreens.

3. Condire con un filo d'olio, sale e pepe, quindi chiudere il panino e servire.

Questo panino è un pasto leggero e sano, perfetto per un pranzo veloce. I microgreens aggiungono una nota piccante che si abbina perfettamente con l'hummus cremoso e le carote croccanti.

Smoothie

I microgreens possono essere aggiunti anche ai frullati per un apporto extra di vitamine e minerali. Le loro foglie tenere si integrano facilmente con gli altri ingredienti, fornendo un sapore fresco e leggermente erbaceo, senza dominare gli altri gusti.

Smoothie verde con microgreens

Ingredienti:

- 1 banana

- 1 mela verde

- 100 g di spinaci baby o microgreens di

spinaci

- 200 ml di latte di mandorla o altro latte vegetale

- 1 cucchiaio di semi di chia

- 1 cucchiaino di miele (opzionale)

Procedimento:

1. Lavare i microgreens e tagliare la mela a pezzi.

2. Mettere tutti gli ingredienti nel frullatore e frullare fino a ottenere una consistenza liscia.

3. Versare in un bicchiere e servire subito.

Questo smoothie è un'ottima fonte di fibre, vitamine e antiossidanti, ideale per una colazione sana o uno spuntino rigenerante.

Smoothie con frutti di bosco e microgreens

Ingredienti:

- 100 g di frutti di bosco misti (freschi o congelati)

- 50 g di microgreens di rucola o cavolo

- 200 ml di succo d'arancia

- 1 cucchiaio di semi di lino macinati

Procedimento:

1. Mettere tutti gli ingredienti nel frullatore.

2. Frullare fino a ottenere un composto omogeneo.

3. Versare in un bicchiere e consumare subito.

Questo frullato è ricco di antiossidanti, grazie alla presenza dei frutti di bosco e dei microgreens. Il succo d'arancia aggiunge un tocco di dolcezza e acidità che bilancia perfettamente il sapore leggermente amaro della rucola.

3.2 Abbinamenti di sapori

I microgreens hanno un sapore unico e variegato che può essere utilizzato per esaltare altri ingredienti o bilanciare un piatto. A seconda del tipo di microgreen, puoi ottenere note dolci, amare, piccanti o erbacee, il che li rende estremamente versatili in cucina.

Microgreens piccanti

Alcuni microgreens, come la **rucola**, il **ravanello** e la **senape**, hanno un sapore pepato o piccante. Questi si abbinano bene con ingredienti dolci e cremosi, poiché bilanciano il gusto. Ad esempio, il ravanello microgreen è perfetto con formaggi dolci come la ricotta o con frutta come le pere. I microgreens piccanti funzionano bene anche in piatti a base di carne, come hamburger, panini con pollo o insalate di carne fredda.

Microgreens dolci

Altri microgreens, come il **girasole** e il **pisello**, hanno un sapore più dolce e delicato. Questi microgreens si abbinano bene con ingredienti leggermente amari o salati, come le noci, il formaggio di capra o le verdure arrostite. Ad esempio, i microgreens di pisello possono essere usati per contrastare la sapidità di un formaggio stagionato o per arricchire un'insalata di quinoa con verdure grigliate.

Microgreens erbacei

Microgreens come il **basilico**, il **prezzemolo** e il **coriandolo** hanno sapori freschi ed erbacei che ricordano le piante da cui provengono. Questi microgreens si abbinano perfettamente con piatti di pesce, pasta e insalate di pomodori freschi. Ad esempio, i microgreens di basilico possono essere utilizzati per decorare una caprese con mozzarella di bufala e pomodori maturi, mentre i microgreens di coriandolo aggiungono un tocco rinfrescante a piatti di cucina messicana come tacos o insalate di fagioli neri.

3.3 Conservazione e utilizzo in diverse stagioni

Una volta raccolti, i microgreens sono meglio consumati freschi, ma con le giuste tecniche di conservazione possono mantenere la loro freschezza per alcuni giorni. È importante sapere come gestirli e utilizzarli al meglio in ogni stagione dell'anno, per avere sempre a disposizione questi piccoli concentrati di nutrienti.

Conservazione

Come accennato nel capitolo precedente, la **conservazione** dei microgreens richiede alcune accortezze per mantenerne la freschezza e la croccantezza. Dopo la raccolta, i microgreens devono essere conservati in frigorifero in un contenitore ermetico. Ecco alcune linee guida per una conservazione ottimale:

- **Lavaggio e asciugatura**: Se necessario, lavare delicatamente i microgreens e asciugarli bene con un panno pulito o carta assorbente. L'umidità in eccesso può accelerare il processo di decomposizione.

- **Utilizzo di carta assorbente**: Inserire un foglio di carta assorbente all'interno del contenitore ermetico per assorbire l'umidità residua.

- **Evitare la compressione**: Non pressare troppo i microgreens nel contenitore, poiché potrebbero danneggiarsi e deteriorarsi più rapidamente.

Con questi accorgimenti, i microgreens possono durare fino a 5-7 giorni in frigorifero. Tuttavia, è sempre preferibile consumarli il prima possibile per sfruttare al massimo la loro freschezza e il loro valore nutritivo.

Utilizzo in diverse stagioni

I microgreens sono incredibilmente versatili e possono essere coltivati e consumati tutto l'anno, anche nei mesi invernali, quando la disponibilità di verdure fresche può essere limitata. La possibilità di coltivarli indoor li rende particolarmente adatti per l'uso in cucina in ogni stagione.

- **Primavera**: In primavera, i microgreens come il basilico e la rucola possono essere utilizzati per preparare insalate leggere e fresche, abbinati a ingredienti primaverili come asparagi, piselli e fragole.

- **Estate**: Durante l'estate, i microgreens di coriandolo e basilico sono perfetti per arricchire piatti mediterranei come bruschette, insalate di pomodori e piatti freddi di pasta.

- **Autunno**: Nei mesi autunnali, i microgreens di cavolo e ravanello possono essere aggiunti a zuppe calde, piatti di cereali integrali o insalate con frutta di stagione come mele e pere.

- **Inverno**: In inverno, quando la produzione di verdure fresche è ridotta, i microgreens di pisello e girasole possono essere coltivati indoor e utilizzati in sandwich, piatti caldi e anche come contorno a piatti più ricchi e calorici.

I microgreens, con la loro versatilità e ricchezza di sapori, offrono infinite possibilità in cucina. Che tu li usi in un'insalata, come guarnizione o in un frullato, questi piccoli germogli possono trasformare qualsiasi piatto in un'esperienza nutrizionalmente ricca e deliziosa.

Capitolo 4: Microgreens come Opportunità di Guadagno

Negli ultimi anni, i **microgreens** hanno guadagnato crescente popolarità grazie ai loro benefici nutrizionali, al loro sapore unico e alla loro versatilità in cucina. Per questo motivo, si sono affermati come un'opportunità interessante per chi desidera avviare un'attività agricola o commerciale di piccole dimensioni, sia a livello domestico che professionale. In questo capitolo analizzeremo il mercato dei microgreens, le modalità di vendita e le considerazioni fondamentali per avviare un'attività redditizia.

4.1 Mercato dei microgreens

Il mercato dei microgreens ha registrato una crescita costante negli ultimi anni, alimentato principalmente dalla maggiore consapevolezza dei consumatori riguardo alla salute e alla sostenibilità. Questi germogli nutrienti e saporiti stanno diventando un prodotto molto richiesto, non solo tra gli chef professionisti, ma anche tra i consumatori che desiderano prodotti freschi, locali e salutari. Analizziamo in dettaglio la dinamica del mercato dei microgreens.

Domanda e offerta

La **domanda** di microgreens è in costante aumento, specialmente nei paesi sviluppati, dove i consumatori sono sempre più interessati a cibi nutrienti e innovativi. Tra i principali fattori che contribuiscono alla crescita della domanda vi sono:

1. **Benefici per la salute**: I microgreens sono considerati un "superfood" grazie alla loro elevata concentrazione di vitamine, minerali e antiossidanti. Il pubblico interessato alla salute e al benessere tende a preferire prodotti ricchi di nutrienti che possono essere facilmente integrati nella dieta quotidiana.

2. **Sostenibilità**: I microgreens richiedono meno risorse rispetto alle verdure coltivate in modo tradizionale. Vengono coltivati in spazi ridotti, con un consumo minimo di acqua e un ciclo di crescita molto rapido. Questo li rende particolarmente attraenti in un'epoca in cui la sostenibilità ambientale è un tema sempre più rilevante.

3. **Cibo fresco e locale**: La tendenza verso l'acquisto di prodotti locali e freschi ha portato molti consumatori e ristoratori a preferire i microgreens coltivati nelle vicinanze. I mercati agricoli, i negozi specializzati in alimenti biologici e i ristoranti di fascia alta sono sempre più alla ricerca di produttori locali di microgreens.

Dal lato dell'**offerta**, la produzione di microgreens è un'attività che richiede investimenti iniziali relativamente bassi e spazi di coltivazione ridotti. Questo ha reso la coltivazione dei microgreens accessibile a un'ampia gamma di produttori, dai piccoli agricoltori ai coltivatori urbani. Alcuni dei principali vantaggi per i produttori includono:

- **Ciclo di crescita rapido**: I microgreens possono essere raccolti in appena 1-3 settimane dalla semina, il che consente cicli di produzione rapidi e frequenti.

- **Bassa domanda di spazio e risorse**: I microgreens possono essere coltivati in ambienti interni, su scaffali o bancali, utilizzando pochissimo spazio e acqua.

- **Varietà di mercati**: I produttori possono vendere microgreens direttamente ai consumatori, fornire ristoranti o negozi, o persino partecipare a mercati agricoli locali.

Tendenze di consumo

Le tendenze di consumo riflettono l'interesse crescente verso alimenti sani e sostenibili. Tra le tendenze principali nel mercato dei microgreens possiamo identificare:

1. **Cucina gourmet**: I microgreens sono apprezzati nei ristoranti di alta fascia per il loro sapore intenso e il loro aspetto decorativo. Chef rinomati utilizzano i microgreens per migliorare il gusto e l'estetica dei piatti, inserendoli in insalate, piatti di pesce, carne e persino dessert.

2. **Alimentazione consapevole**: Il pubblico che adotta stili di vita salutari e orientati al benessere è sempre più attratto dai microgreens grazie al loro valore nutrizionale. Questa categoria di consumatori comprende persone interessate a diete vegetariane, vegane, paleo e keto, che cercano alimenti densi di nutrienti.

3. **Alimenti biologici e locali**: Con il crescente interesse per l'alimentazione biologica, i microgreens biologici sono particolarmente richiesti. I consumatori apprezzano l'idea di acquistare prodotti coltivati localmente, senza l'uso di pesticidi e fertilizzanti chimici.

4. **Agricoltura urbana e coltivazione domestica**: Molti consumatori hanno iniziato a coltivare microgreens a casa, attratti dalla semplicità della coltivazione e dalla possibilità di avere verdure fresche sempre a portata di mano. Questo trend ha favorito la vendita di kit di coltivazione domestica di microgreens, che rappresentano un mercato in espansione.

4.2 Modalità di vendita

Le modalità di vendita dei microgreens variano a seconda del modello di business scelto dal produttore. Alcuni optano per una vendita diretta ai consumatori finali, altri preferiscono fornire i microgreens a ristoranti, negozi di alimenti biologici o distributori locali. Esploriamo le principali opzioni di vendita disponibili.

Vendita diretta

La **vendita diretta** rappresenta una delle modalità più comuni per i produttori di microgreens, soprattutto per i piccoli coltivatori. Ci sono diverse opportunità per vendere direttamente ai consumatori:

- **Mercati contadini**: Partecipare a mercati contadini locali è un'opzione eccellente per i coltivatori di microgreens. I mercati agricoli offrono l'opportunità di entrare in contatto diretto con i clienti, che spesso sono alla ricerca di prodotti freschi e locali. Qui, i microgreens possono essere venduti in piccoli contenitori o in mazzi appena raccolti, garantendo freschezza e qualità.

- **Vendita online**: Con l'aumento dell'e-commerce, molti piccoli produttori hanno iniziato a vendere microgreens direttamente ai consumatori attraverso piattaforme online o siti web propri. Questo approccio richiede una buona gestione della logistica, inclusa la spedizione dei prodotti freschi, ma può ampliare notevolmente il bacino di clienti, consentendo di raggiungere persone che non frequentano i mercati locali.

- **Iscrizioni a cassette settimanali**: Un modello di business in crescita è quello delle **CSA** (Community Supported Agriculture) o delle iscrizioni a cassette settimanali di prodotti freschi. In questo modello, i consumatori si iscrivono a un abbonamento settimanale o mensile e ricevono regolarmente una selezione di prodotti freschi, tra cui microgreens, direttamente dal produttore. Questo sistema offre una fonte di reddito stabile per il coltivatore e garantisce al cliente prodotti freschi e di stagione.

Collaborazioni con ristoranti e negozi

Collaborare con ristoranti e negozi locali è un'altra modalità redditizia per vendere microgreens, soprattutto per chi produce quantità maggiori. I microgreens sono particolarmente richiesti dai ristoranti gourmet e dai negozi di alimenti biologici, che apprezzano la freschezza e la qualità del prodotto locale.

- **Ristoranti**: Molti ristoranti di fascia alta utilizzano microgreens per arricchire i loro piatti e cercando fornitori locali che possano garantirne la freschezza e la disponibilità costante. Stabilire rapporti di fiducia con chef e ristoratori è cruciale per assicurarsi contratti di fornitura regolari. I produttori devono garantire consegne puntuali e prodotti di alta qualità.

- **Negozi di alimenti biologici**: I microgreens sono venduti con successo in negozi specializzati in prodotti biologici o naturali, dove i clienti sono disposti a pagare un prezzo premium per prodotti freschi e locali. I microgreens possono essere confezionati in vaschette trasparenti o sacchetti sigillati, con etichette che evidenziano l'origine locale e i benefici nutrizionali del prodotto.

Vantaggi e sfide della vendita diretta e delle collaborazioni

Vendere direttamente ai consumatori o collaborare con ristoranti e negozi presenta vantaggi e sfide. Tra i vantaggi principali troviamo il **margine di profitto maggiore**, poiché il produttore vende direttamente al cliente finale senza intermediari. Inoltre, la vendita diretta consente di costruire una **relazione personale** con i clienti, migliorando la fidelizzazione.

Tuttavia, la vendita diretta richiede **impegno costante** nella promozione del prodotto e nella gestione delle relazioni con i clienti. La partecipazione ai mercati contadini, ad esempio, può richiedere tempo e risorse, mentre la vendita online necessita di una buona logistica per garantire la consegna di prodotti freschi.

Collaborare con ristoranti e negozi, d'altro canto, offre il vantaggio di **volumi di vendita maggiori** e un **flusso di reddito più stabile**, soprattutto se si stabiliscono contratti di fornitura regolari. Tuttavia, può essere difficile entrare in questi mercati senza una solida

rete di contatti e senza la capacità di mantenere standard di qualità costanti.

4.3 Avvio di un'attività di microgreens

Avviare un'attività di coltivazione e vendita di microgreens può essere una scelta imprenditoriale redditizia, soprattutto per chi desidera lavorare in modo autonomo o avviare un'impresa agricola di piccole dimensioni. Tuttavia, come in qualsiasi attività commerciale, è importante pianificare accuratamente ogni fase del processo e prendere in considerazione gli aspetti legali e normativi.

Business plan

Il primo passo per avviare un'attività di microgreens è la creazione di un **business plan** solido. Il business plan è un documento fondamentale che descrive i dettagli del progetto, compresi i costi iniziali, le previsioni di guadagno, il mercato target e le strategie di marketing. Ecco i punti principali da includere in un business plan per un'attività di microgreens:

1. **Analisi di mercato**: Valutare la domanda locale di microgreens e individuare i potenziali clienti, come ristoranti, negozi di alimenti biologici e consumatori privati. Studiare la concorrenza e identificare eventuali nicchie di mercato non ancora coperte.

2. **Costi iniziali e operativi**: Calcolare i costi iniziali necessari per l'avvio dell'attività, come l'acquisto di semi, contenitori, substrati di coltivazione, attrezzature per l'illuminazione e sistemi di irrigazione. Includere anche i costi operativi, come affitto,

acqua, elettricità, materiali di consumo e eventuali costi di marketing.

3. **Strategia di produzione**: Definire il processo di coltivazione, specificando la varietà di microgreens da produrre, la quantità e la frequenza delle colture, nonché i tempi di raccolta. È importante avere un piano per garantire una produzione costante e di qualità.

4. **Strategia di vendita e marketing**: Decidere se vendere direttamente ai consumatori o collaborare con ristoranti e negozi. Pianificare una strategia di marketing per promuovere i microgreens, che può includere la creazione di un sito web, l'uso dei social media, la partecipazione a mercati locali e fiere.

5. **Previsioni finanziarie**: Elaborare un piano finanziario che includa una stima delle entrate e delle spese nei primi anni di attività. Questo è essenziale per comprendere la fattibilità economica del progetto e per

valutare quando si potrà raggiungere il punto di pareggio.

Aspetti legali e normativi

Per avviare un'attività di microgreens è necessario conformarsi a una serie di requisiti **legali e normativi**. Questi requisiti possono variare in base al paese o alla regione, ma in generale includono:

1. **Registrazione dell'attività**: È necessario registrare l'attività commerciale presso le autorità competenti. Questo può comportare la scelta di una forma giuridica, come una ditta individuale, una società a responsabilità limitata (SRL) o un'azienda agricola.

2. **Normative sanitarie**: Poiché i microgreens sono destinati al consumo umano, è importante rispettare le normative sanitarie locali in materia di produzione e

vendita di alimenti. Questo può includere l'ispezione delle strutture di coltivazione e l'adozione di pratiche agricole sicure e igieniche.

3. **Certificazioni**: Se si desidera vendere microgreens biologici, sarà necessario ottenere le certificazioni necessarie da parte delle autorità competenti. Questo processo richiede che le pratiche agricole siano conformi agli standard biologici, il che implica l'assenza di pesticidi e fertilizzanti chimici.

4. **Licenze di vendita**: In alcune giurisdizioni potrebbe essere necessario ottenere licenze specifiche per vendere prodotti agricoli nei mercati contadini, nei negozi o attraverso piattaforme online.

5. **Assicurazioni**: Per proteggere l'attività da eventuali rischi, come danni alla coltivazione o responsabilità legali, è consigliabile stipulare polizze assicurative

adeguate.

L'industria dei microgreens offre una grande opportunità di guadagno per chi è disposto a investire tempo e risorse nella coltivazione e vendita di questi prodotti altamente richiesti. Grazie alla crescente domanda di alimenti freschi, locali e nutrienti, i microgreens possono rappresentare un business sostenibile e redditizio, sia per piccoli coltivatori che per imprenditori più strutturati.

Attraverso una pianificazione accurata e una gestione attenta, è possibile entrare con successo in questo mercato emergente, sfruttando le tendenze alimentari attuali e la domanda crescente da parte di consumatori e ristoratori.

Glossario Completo dei Microgreens

Il mondo dei **microgreens** è vasto e variegato, caratterizzato da una grande diversità di piante, varietà, tecniche di coltivazione e usi culinari. Questo glossario offre una guida completa ai termini più comuni e importanti legati ai microgreens, per aiutare a comprendere meglio le peculiarità di questi giovani germogli ricchi di nutrienti.

A

Agricoltura biologica: Un sistema di coltivazione che evita l'uso di pesticidi, fertilizzanti sintetici, organismi geneticamente modificati e antibiotici, seguendo pratiche sostenibili e rispettose dell'ambiente. Molti produttori di microgreens preferiscono praticare l'agricoltura biologica per garantire un prodotto sano e privo di residui chimici.

Antiossidanti: Composti presenti nei

microgreens che aiutano a neutralizzare i radicali liberi nel corpo, proteggendo le cellule dai danni ossidativi. Gli antiossidanti, come i polifenoli e i flavonoidi, sono abbondanti nei microgreens, contribuendo ai loro effetti benefici sulla salute.

Aromatici (microgreens): Microgreens che appartengono alla famiglia delle erbe aromatiche, come basilico, coriandolo, prezzemolo e finocchio. Questi microgreens sono utilizzati principalmente in cucina per insaporire piatti e decorare preparazioni culinarie.

B

Basilico (microgreens di): I microgreens di basilico sono apprezzati per il loro sapore dolce e leggermente piccante, con un aroma intenso. Vengono utilizzati in cucina per insaporire insalate, pizze, piatti a base di pesce e carne, oltre che per preparare il pesto.

Beta-carotene: Un pigmento arancione-rosso presente in molti microgreens, come quelli di carota. Il beta-carotene è un precursore della vitamina A, essenziale per la salute della vista e della pelle, nonché per il sistema immunitario.

Biodegradabile: Materiali e prodotti che possono essere decomposti naturalmente da microrganismi. Nella coltivazione di microgreens, vengono spesso utilizzati contenitori e substrati biodegradabili per ridurre l'impatto ambientale della produzione.

Biodiversità: La varietà di specie viventi in un ecosistema. La coltivazione di diverse varietà di microgreens favorisce la biodiversità, contribuendo a un'agricoltura più sostenibile e resiliente.

Broccoli (microgreens di): I microgreens di broccoli sono noti per il loro alto contenuto di sulforafano, un composto con potenti proprietà anticancerogene. Hanno un sapore delicato e leggermente dolce e sono utilizzati in insalate, frullati e piatti cotti.

C

Cavolo (microgreens di): I microgreens di cavolo, noti anche come cavolo riccio, sono ricchi di vitamina C, vitamina K e antiossidanti. Hanno un sapore leggermente piccante e vengono utilizzati per arricchire insalate, piatti caldi e smoothie verdi.

Cotiledone: Le prime foglie embrionali che emergono durante la germinazione di una pianta. Nei microgreens, i cotiledoni sono spesso la parte principale consumata insieme alle prime foglie vere.

Compost: Una miscela di materiali organici decomposti utilizzata come fertilizzante naturale. Il compost viene spesso utilizzato come substrato o fertilizzante nella coltivazione di microgreens biologici, poiché fornisce nutrienti essenziali alle piantine senza l'uso di prodotti chimici.

Coriandolo (microgreens di): I microgreens di coriandolo hanno un sapore erbaceo e leggermente agrumato. Sono molto utilizzati nella cucina asiatica, messicana e mediterranea per insaporire piatti di carne, pesce, insalate e salse.

D

Decespugliamento: Il processo di rimozione delle piante infestanti o indesiderate durante la coltivazione dei microgreens. Nella coltivazione su piccola scala, il decespugliamento è spesso manuale, mentre nelle operazioni più grandi si possono utilizzare attrezzi specializzati.

Densità di semina: Il numero di semi piantati in un determinato spazio durante la coltivazione dei microgreens. Una densità di semina appropriata garantisce una crescita ottimale e la prevenzione della competizione tra le piantine.

Drenaggio: La capacità di un substrato di consentire all'acqua in eccesso di defluire, prevenendo ristagni che possono causare malattie o la crescita di muffe nei microgreens. Il drenaggio adeguato è fondamentale per mantenere le radici sane.

E

Essiccazione: Il processo di rimozione dell'umidità dai microgreens per conservarli più a lungo. Anche se i microgreens freschi sono preferibili, l'essiccazione consente di prolungare la loro durata di conservazione, preservando parte dei nutrienti.

Erbe (microgreens di): Microgreens derivati da erbe aromatiche come basilico, prezzemolo, coriandolo e menta. Sono utilizzati per insaporire piatti e migliorare l'estetica delle preparazioni culinarie.

F

Fertilizzante organico: Un fertilizzante a base di materiali organici, come compost, letame o altri rifiuti organici. I fertilizzanti organici sono spesso preferiti nella coltivazione di microgreens biologici perché migliorano la qualità del suolo e promuovono una crescita sana senza l'uso di sostanze chimiche artificiali.

Fibre alimentari: Composti presenti nelle piante, come i microgreens, che favoriscono la digestione e la salute intestinale. I microgreens a foglia verde, come quelli di cavolo e spinaci, sono una buona fonte di fibre.

Fitonutrienti: Composti bioattivi presenti nelle piante che contribuiscono alla loro protezione contro malattie e parassiti. Nei microgreens, i fitonutrienti svolgono un ruolo importante nel migliorare la salute umana, contribuendo a ridurre il rischio di malattie croniche.

Foglie vere: Le foglie che emergono dopo i cotiledoni, che sono le prime foglie embrionali. Nei microgreens, la raccolta avviene tipicamente poco dopo che le prime foglie vere sono spuntate.

Forbici da raccolta: Strumento utilizzato per tagliare i microgreens alla base, senza disturbare il terreno o il substrato di coltivazione. L'uso di forbici affilate consente una raccolta precisa e pulita.

G

Germinazione: Il processo attraverso cui un seme si sviluppa in una piantina. Nei microgreens, la fase di germinazione è particolarmente rapida e avviene in condizioni controllate di umidità e temperatura.

Girasole (microgreens di): I microgreens di girasole sono noti per il loro sapore dolce e leggermente nocciolato. Sono ricchi di proteine, vitamine del gruppo B e minerali come zinco e magnesio.

Glucosinolati: Composti naturali presenti nei microgreens appartenenti alla famiglia delle crocifere, come cavoli e broccoli. I glucosinolati sono noti per le loro proprietà anticancerogene.

Gusto: I microgreens offrono una vasta gamma di sapori, che spaziano dal dolce al piccante, dall'amaro all'erbaceo. I microgreens di ravanello, ad esempio, hanno un sapore piccante, mentre quelli di pisello sono più dolci e delicati.

H

Hydroponics (Idroponica): Un metodo di coltivazione delle piante, inclusi i microgreens, che non utilizza il terreno. Le radici delle piante sono immerse in una soluzione nutritiva che fornisce tutti i nutrienti necessari per la crescita. L'idroponica è spesso utilizzata per coltivare microgreens in ambienti controllati come serre o stanze di coltivazione indoor.

Humus: Il materiale organico che si forma nel suolo attraverso la decomposizione di piante e animali. L'humus è ricco di nutrienti ed è spesso presente nei terreni utilizzati per la coltivazione biologica dei microgreens.

I

Impianto di irrigazione: Sistema utilizzato per fornire acqua ai microgreens durante la crescita. Gli impianti di irrigazione possono variare da semplici spruzzatori manuali a sistemi automatizzati di irrigazione a goccia, che assicurano un'umidità costante e uniforme.

Illuminazione a LED: Una tecnologia di illuminazione utilizzata nella coltivazione indoor dei microgreens. Le luci a LED sono efficienti dal punto di vista energetico e possono essere programmate per emettere lo spettro luminoso necessario per la fotosintesi, favorendo una crescita sana.

L

Lana di roccia: Un substrato inerte utilizzato nella coltivazione idroponica. La lana di roccia è apprezzata per la sua capacità di trattenere l'umidità, pur permettendo un buon drenaggio e aerazione, favorendo la crescita delle radici dei microgreens.

M

Muffa: Un fungo che può svilupparsi durante la coltivazione dei microgreens se il livello di umidità è troppo elevato o se l'irrigazione è eccessiva. La muffa può compromettere la qualità dei microgreens e deve essere prevenuta con una buona ventilazione e tecniche di irrigazione adeguate.

Mix di microgreens: Una miscela di diverse varietà di microgreens, solitamente selezionate per bilanciare sapori e colori. I mix di microgreens sono spesso utilizzati in insalate e guarnizioni per aggiungere varietà e nutrienti.

Microgreens: Giovani piantine che vengono raccolte nella fase di crescita intermedia tra i germogli e le piante adulte. I microgreens sono apprezzati per il loro sapore intenso e il loro alto contenuto di nutrienti. Vengono utilizzati sia come alimento principale che come guarnizione decorativa in molti piatti.

N

Nutrienti: I microgreens sono una fonte concentrata di nutrienti essenziali, tra cui vitamine, minerali e antiossidanti. Tra i principali nutrienti presenti nei microgreens troviamo la vitamina C, la vitamina K, il ferro, il calcio e i carotenoidi.

O

Ossidazione: Il processo chimico in cui le cellule sono danneggiate dai radicali liberi. Gli antiossidanti presenti nei microgreens aiutano a prevenire i danni da ossidazione nel corpo umano, riducendo il rischio di malattie croniche.

Organic (biologico): Il termine utilizzato per descrivere un metodo di coltivazione che segue standard ambientali e di salute rigorosi, senza l'uso di pesticidi chimici, fertilizzanti sintetici o organismi geneticamente modificati.

P

Pisello (microgreens di): I microgreens di pisello sono tra i più dolci e croccanti. Sono una buona fonte di proteine vegetali e vengono utilizzati in insalate, sandwich e piatti caldi per aggiungere freschezza e consistenza.

Polifenoli: Una classe di antiossidanti presenti nei microgreens che contribuiscono alla protezione delle cellule dai danni ossidativi. I polifenoli hanno proprietà antinfiammatorie e anticancerogene e si trovano in abbondanza nei microgreens di cavolo, broccoli e spinaci.

Prezzemolo (microgreens di): I microgreens di prezzemolo hanno un sapore fresco e erbaceo, simile alla pianta adulta. Sono ricchi di vitamina C, ferro e antiossidanti, e vengono utilizzati per insaporire zuppe, salse e insalate.

R

Raccolta: Il processo di taglio dei microgreens, solitamente eseguito quando le piantine hanno sviluppato il primo set di foglie vere. La raccolta avviene con forbici affilate per garantire un taglio pulito e preservare la qualità delle piantine.

Rucola (microgreens di): I microgreens di rucola sono noti per il loro sapore pepato e leggermente amaro. Sono ricchi di vitamina K e calcio e sono spesso utilizzati in insalate, panini e piatti di pasta.

S

Semi: I microgreens si coltivano a partire dai semi, che possono essere di diverse varietà di piante, tra cui ortaggi, erbe aromatiche e cereali. I semi utilizzati per i microgreens devono essere non trattati e spesso biologici per garantire un prodotto sano e privo di contaminanti chimici.

Spinaci (microgreens di): I microgreens di spinaci sono ricchi di ferro, calcio e vitamine A e C. Hanno un sapore delicato e leggermente dolce e sono utilizzati in insalate, frullati e piatti cotti.

Substrato: Il materiale in cui vengono coltivati i microgreens, che può essere terreno, fibra di cocco, perlite o un altro medium di coltivazione. Il substrato fornisce supporto alle radici e trattiene l'acqua necessaria per la crescita delle piante.

T

Temperatura di crescita: La temperatura ottimale per la crescita dei microgreens varia tra i 18°C e i 24°C. Il controllo della temperatura è cruciale per garantire una crescita rapida e sana.

Terriccio: Il terreno utilizzato per la coltivazione dei microgreens, solitamente una miscela leggera e ben drenante che favorisce la germinazione dei semi e la crescita delle radici.

U

Umidità: L'umidità è un fattore critico nella coltivazione dei microgreens. Un livello di umidità eccessivo può favorire la formazione di muffe, mentre un'umidità insufficiente può causare un rallentamento della crescita.

V

Vendita diretta: Un modello di business in cui il produttore vende direttamente i microgreens ai consumatori finali, senza intermediari. Questo può avvenire attraverso mercati contadini, vendite online o negozi locali.

Vitamina C: Una vitamina essenziale per la salute del sistema immunitario, la produzione di collagene e la protezione antiossidante. I microgreens di cavolo, broccoli e spinaci sono particolarmente ricchi di vitamina C.

Vitamina K: Essenziale per la coagulazione del sangue e la salute delle ossa, la vitamina K si trova in abbondanza nei microgreens a foglia verde come cavolo, rucola e spinaci.

Z

Zinco: Un minerale importante per la funzione immunitaria e la guarigione delle ferite. I microgreens di girasole e piselli sono una buona fonte di zinco.

Questo glossario rappresenta un utile strumento per comprendere i concetti principali legati ai microgreens, dalla loro coltivazione al loro utilizzo in cucina. I microgreens, con la loro diversità di sapori e proprietà, continuano a guadagnare popolarità come alimento fresco, salutare e sostenibile.

Indice

1. Introduzione pg.4

Capitolo 1: I Microgreens e la Salute pg.9

Capitolo 2: Coltivazione dei Microgreens pg.18

Capitolo 3: Utilizzo in cucina pg.31

Capitolo 4: Microgreens come Opportunità di Guadagno pg.47

Glossario Completo dei Microgreens pg.63